Sitzungsberichte der Heidelberger Akademie der Wissenschaften

Stiftung Heinrich Lanz

Mathematisch-naturwissenschaftliche Klasse

*) *Jahrgang 1921 erschien im Verlage von Carl Winters Universitätsbuchhandlung in Heidelberg.*

Im Verlag von Walter de Gruyter & Co. vormals G. J. Göschen'sche Verlagshandlung — J. Guttentag, Verlagsbuchhandlung — Georg Reimer — Karl J. Trübner — Veit & Comp., Berlin, erschienen:

Abteilung A. Mathematisch-physikalische Wissenschaften.

Jahrg. 1922: 3 Hefte. — Jahrg. 1923: 5 Hefte. — Jahrg. 1924: 11 Hefte

Abteilung B. Biologische Wissenschaften.

Jahrgang 1923: 1 Heft.

Von Jahrgang 1925 ab findet die Trennung in Abteilung A und B nicht mehr statt.

Jahrgang 1925. 1. Heffter, Lothar. Zur absoluten Geometrie II. Reichsm. 0.50
2. Roeser, Ernst. Die komplementären Figuren der nichteuklidischen Ebene. Reichsmark 0.50
3. Fladt, Kuno. Neuer Beweis f. d. Zuordnung von rechtwinkligem Dreieck und Spitzeck in der hyperbolischen Elementargeometrie. Reichsmark 0.30
4. Salomon, Wilhelm. Beobachtungen über Harnische. Reichsmark 0.70
5. Loewy, A. Beiträge zur Algebra. 1—4. Reichsmark 1.—
6. Hellpach, Willy. 2. Mitteilung zur Physiognomik der deutschen Volksstämme. Reichsmark 0.30
7. Loewy, Alfred. Neue elementare Begründung u. Erweiterung der Galoisschen Theorie. Reichsmark 2.—
8. Curtius, Theodor, u. Bertho, Alfred. Einwirkung von Stickstoffkohlenoxyd und von Stickstoffwasserstoffsäure unter Druck auf aromatische Kohlenwasserstoffe. Reichsmark 0.40
9. Roeser, Ernst. Die gnomonische Projektion in der hyperbolischen Geometrie Reichsmark 0.70
10. Rasch, G. Über die Ausnützung der Gezeiten des Meeres zur Energiegewinnung. Reichsmark 0.80
11. Salomon, Wilhelm. Magmatische Hebungen. Reichsmark 1.20
12. Pütter, A. Altersbestimmungen an Drachenbäumen von Tenerife. Rm. 0.90
13. Volk, Otto. Über geodätische rhombische Kurvennetze auf krummen Flächen, insbesondere auf Flächen konstanter Krümmung. Reichsmark 1.10
14. Roeser, Ernst. Die Fundamentalkonstruktion der hyperbolischen Geometrie. Reichsmark 1.40
15. Rüger, L., u. Rüger-Haas, P. Palaeosemaeostoma geryonides v. Huene sp., eine sessile Meduse aus dem Dogger von Wehingen i. W., und Medusina liasica nov. sp., eine coronatenähnliche Meduse aus dem mittleren Lias von Hechingen i. Württemberg. Reichsmark 1.50

Jahrgang 1926. 1. Krull, Wolfgang. Theorie und Anwendung der verallgemeinerten Abelschen Gruppen. Reichsmark 1.70
2. Klebs, Georg. Über periodisch wachsende tropische Baumarten. Rm. 1.20
3. Müller, Max. Über die Oberfläche von Flächenstücken. Reichsmark 1.20
4. Ernst, Max. Über Anlagen von Organen, die nicht zur Ausbildung gelangen. Reichsmark 0.50
5. Ernst, Emil. Die optischen Eigenschaften des Andesins von Bodenmais. Reichsmark 1.10
6. Liepmann, Wilhelm. Leichengeburt bei Ichthyosauriern. Reichsmark 0.90
7. Klebs, Georg. Über die Längenperiode der Internodien. Reichsmark 2.40
8. Jost, L., u. v. Ubisch, G. Zur Windefrage. Reichsmark 0.80
9. Salomon, Wilhelm. Gibt es Gesteine, die für bestimmte Erdperioden charakteristisch sind? Reichsmark 0.30

(Fortsetzung siehe 3. Umschlagseite)

*) Bestellungen auf solche Veröffentlichungen der math.-naturw. Klasse, welche früher im Verlag von Carl Winters Universitätsbuchhandlung in Heidelberg erschienen sind, nimmt auch der Verlag Walter de Gruyter & Co., Berlin, entgegen.

**Sitzungsberichte
der Heidelberger Akademie der Wissenschaften**

Mathematisch-naturwissenschaftliche Klasse

Jahrgang 1930. 16. Abhandlung.

Über lineare Differentialgleichungen mit konstanten Koeffizienten und einer Störungsfunktion

Von

Karl Boehm

in Karlsruhe.

Eingereicht am 20. Juli 1930.

Berlin und Leipzig 1931

Walter de Gruyter & Co.

vormals G. J. Göschen'sche Verlagshandlung / J. Guttentag, Verlagsbuchhandlung / Georg Reimer / Karl J. Trübner / Veit & Comp.

Über lineare Differentialgleichungen mit konstanten Koeffizienten und einer Störungsfunktion.

Nr. 1. — Einführung.

Auf den folgenden Blättern gibt der Verfasser die Vorarbeit zu einer Untersuchung, welche er später vorzulegen beabsichtigt.

Es wird ein Verfahren aufgezeigt, welches die allgemeine Lösung der linearen Differentialgleichung mit konstanten Koeffizienten ohne jede vorhergehende Theorie zu ermitteln gestattet und für die Praxis an Einfachheit nichts zu wünschen übrig läßt, darüber hinaus aber auch eine Begründung aller Sätze der elementaren Theorie und einige allgemeine Formeln liefert, welche der Beachtung nicht unwert erscheinen.

Daß es möglich wird, die übliche Methode der „Variation der Konstanten" durch ein weit natürlicheres Verfahren der Iteration zu ersetzen, nach welchem die allgemeine Differentialgleichung

$$(1) \qquad c_0 y + c_1 y' + c_2 y'' + \ldots + c_n y^{(n)} = \psi(x)$$

grundsätzlich ebenso einfach erscheint als die besondere Differentialgleichung $y^{(n)} = \psi(x)$, verdankt man der symbolischen Behandlungsweise. Obgleich diese sehr bekannt ist[1]), möge der Versuch gestattet sein, in einem vorbereitenden Abschnitt ihr Wesen in der Terminologie der modernen Algebra schärfer zu kennzeichnen, als es vielfach zu geschehen pflegt.

Nr. 2. — Das Wesen der symbolischen Methode.

Die mit einer beliebig, aber fest gewählten Funktion $y = y(x)$ zu formenden linearen Differentialausdrücke

$$(1) \qquad \Sigma c_i y^{(i)} \equiv c_0 y^{(0)} + c_1 y' + c_2 y'' + \ldots + c_n y^{(n)}, \quad [y^{(0)} \equiv y],$$

worin die c_i beliebige komplexe Zahlen bedeuten, bilden einen Inte-

---

[1]) Man vergleiche etwa die Darstellung bei Ch.-I. de la Vallée Poussin, „Cours d'analyse infinitésimale", tome II, cinquième édition (1925) chapitre VII, sowie das jüngst (Leipzig 1930) von E. Kamke veröffentlichte Lehrbuch „Differentialgleichungen reeller Funktionen", VIII. Kapitel.

gritätsbereich I_y, wenn als Addition die gewöhnliche Zahlenaddition eingeführt wird, als Multiplikation (Zeichen $\circ$) aber eine Verknüpfung[1]), welche kommutativ, assoziativ und mit der Addition distributiv verbunden ist, und durch welche die zwei Differentialausdrücke $y^{(i)}$ und $y^{(k)}$ verknüpft werden zu dem Differentialausdruck

$$y^{(i)} \circ y^{(k)} = y^{(i+k)}, \tag{2}$$

zwei Zahlen aber zu dem gewöhnlichen Zahlenprodukt.

Dieser Integritätsbereich ist isomorph mit dem Integritätsbereich I', welcher aus dem Körper der komplexen Zahlen durch Erweiterung mit einem Symbol D entsteht, wobei der Isomorphismus durch die Bestimmung festgelegt wird, daß dem Ausdruck y' eben das Symbol D entsprechen soll.

Bezeichnet man mit $f(D)y$ das Element aus I_y, welches dem Elemente $f(D)$ aus I' entspricht, so gilt der Satz:

$$(f_1(D) \circ f_2(D))y = f_1(D)(f_2(D)y), \tag{3}$$

dessen Inhalt so ausgesprochen werden kann:

Bilden wir den Integritätsbereich I_{y_2} für diejenige Funktion $y_2 = f_2(D)y$, welche in I_y dem Elemente $f_2(D)$ aus I' zugeordnet war, und suchen nun in diesem neuen Integritätsbereich die Funktion, welche dem Elemente $f_1(D)$ aus I' zugeordnet ist, so ist dies dieselbe Funktion aus I_y, welche dem Elemente $f_1(D) \circ f_2(D)$ aus I' entsprach.

Wegen des kommutativen Charakters der Multiplikation $\circ$ gilt dann auch

$$f_2(D)(f_1(D)y) = f_1(D)(f_2(D)y). \tag{4}$$

Nr. 3. — Praxis der Methode. — Iteration.

Nach der in 2. gemachten Festsetzung können wir die Differentialgleichungen, von welchen die Rede sein soll, in der Form schreiben

$$f(D)y = \psi(x). \tag{5}$$

Hier bedeutet $f(D)$ eine ganze rationale Funktion von D, deren Koeffizienten von x unabhängig sind; ihre Wurzeln seien durch die folgende Zerlegung gekennzeichnet:

$$f(D) \equiv \prod_{i=1}^{i=n} (D - \lambda_i)^{m_i}; \tag{6}$$

---

[1]) Natürlich bilden sie einen Integritätsbereich auch dann, wenn zur gewöhnlichen Addition die gewöhnliche Multiplikation hinzugenommen wird.

die ganze Zahl

(7) $$M = \sum_{i=1}^{i=n} m_i$$

ist der Grad von $f(D)$ und also die Ordnung unserer Differentialgleichung (5).

Die Funktion

(8) $$f_1(D) \equiv \frac{f(D)}{D - \lambda_1}$$

ist eine ganze Funktion von D, das heißt Element unseres Integritätsbereiches I', also ist der Differentialausdruck

(9) $$z \equiv f_1(D) y$$

Element des Integritätsbereiches I_y, d. h. ein linearer Differentialausdruck vom Typus (1), und zwar von der Ordnung $M - 1$.

Die Differentialgleichung (5) läßt sich jetzt auffassen als lineare Differentialgleichung für z

(10) $$(D - \lambda_1) z = \psi(x).$$

Auf Grund der Identität

(11) $$e^{\lambda_1 x} D(e^{-\lambda_1 x} z) \equiv (D - \lambda_1) z$$

stellt sich die allgemeine Lösung von (10) sofort in der Form dar

(12) $$z = e^{\lambda_1 x} \int_a^x e^{-\lambda_1 u} \psi(u)\, du.$$

Erinnern wir uns der durch (9) gegebenen Bedeutung von z, so sind wir also auf eine Differentialgleichung

(13) $$f_1(D) y = e^{\lambda_1 x} \int_a^x e^{-\lambda_1 u} \psi(u)\, du$$

geführt, welche denselben Typus hat wie (5), aber eine um 1 erniedrigte Ordnung, während in die rechte Seite eine Integrationskonstante eingetreten ist.

Die Wiederholung dieses Verfahrens liefert uns, ohne jede Theorie, die allgemeine Lösung von (5), und es gibt vielleicht keinen Weg, welcher dieses Ziel mit geringerer Mühe zu erreichen gestattet.

Um zu allgemeinen Ergebnissen zu gelangen und im besonderen die bekannten Sätze der Theorie zu gewinnen, betrachten wir zunächst den Fall, in welchem die rechte Seite der Differentialgleichung (5) die Gestalt hat

$$(14)\qquad \psi(x) = g_1(x)e^{\lambda_1 x} + \sum_{i=2}^{i=p} g_i(x)e^{\varrho_i x} \quad [\varrho_i \neq \lambda_1]$$

und $g_1(x)$, $g_2(x)$, ... irgendwelche ganze rationale Funktionen von x bedeuten. Warum hier das Glied mit dem Exponentialfaktor $e^{\lambda_1 x}$ von den ganz gleichartigen Summanden mit $e^{\varrho_i x}$ $(\varrho_i \neq \lambda_1)$ abgetrennt worden ist, leuchtet ein, sobald man den Ausdruck für $\psi(x)$ in (13) einführt. Es ergibt sich

$$(15)\qquad f_1(D)y = G_1(x)e^{\lambda_1 x} + \sum_{i=2}^{i=p} \bar{g}_i(x)e^{\varrho_i x},$$

worin

$$(16)\qquad \bar{g}_i(x) \equiv \frac{g_i(x)}{(\varrho_i - \lambda_1)} - \frac{g'_i(x)}{(\varrho_i - \lambda_1)^2} + \frac{g''_i(x)}{(\varrho_i - \lambda_1)^3} - \dots$$

und

$$(17)\qquad G_1(x) = \int g_1(x)\,dx.$$

Für das Folgende sind zwei offenbare Tatsachen wichtig:

1. Der Grad der Funktion $G_1(x)$ ist um 1 höher als der von $g_1(x)$; der Koeffizient von x^0 in $G_1(x)$ ist die bei der Auflösung der linearen Differentialgleichung (10) eintretende Integrationskonstante.

2. Der Grad jeder Funktion $\bar{g}_i(x)$ ist gleich dem Grade der entsprechenden Funktion $g_1(x)$, und es sind nicht nur die Koeffizienten γ_i der Funktion $\bar{g}_i(x)$ durch die Koeffizienten γ_i der Funktion $g_i(x)$, sondern auch umgekehrt diese durch jene vermöge des Zusammenhanges (16) eindeutig bestimmt.

Nr. 4. — Die allgemeine Lösung der homogenen Differentialgleichung.

Diese beiden Bemerkungen lassen uns die Gestalt der allgemeinen Lösung einer homogenen Differentialgleichung erkennen.

Der erste, durch die Formel (13) bezeichnete Schritt liefert uns nämlich, für $\psi(x) \equiv 0$, das Ergebnis

$$(18)\qquad \frac{f(D)}{D - \lambda_1}y = c_0 e^{\lambda_1 x}.$$

Ist λ_1 eine m_1-fache Wurzel von $f(D)$, so finden wir durch Wiederholung desselben Verfahrens, auf Grund der Bemerkung 1, daß

$$(19)\qquad \frac{f(D)}{(D - \lambda_1)^{m_1}}y = (\gamma_0 x^{m_1 - 1} + \gamma_1 x^{m_1 - 2} + \dots + \gamma_{m_1 - 2}x + \gamma_{m_1 - 1})e^{\lambda_1 x}.$$

Ist nun noch eine andere Wurzel λ_2 vorhanden, so können wir die soeben erhaltene Gleichung als lineare Differentialgleichung zur Bestimmung der Funktion $\frac{f(D)}{(D-\lambda_2)(D-\lambda_1)^{m_1}}\,y$ auffassen:

$$(19\text{a})\quad (D-\lambda_2)\left(\frac{f(D)}{(D-\lambda_2)(D-\lambda_1)^{m_1}}\,y\right) = (\gamma_0 x^{m_1-1} + \ldots + \gamma_{m_1})\,e^{\lambda_1 x}$$

Die rechte Seite hat die durch (14) gegebene Gestalt; nur spielt jetzt die Zahl λ_1 der Wurzel λ_2 gegenüber die Rolle, welche in der vorhergehenden Betrachtung einem ϱ_i, gegenüber der damals ausgezeichneten Wurzel λ_1, zukam.

Wir finden also

$$(20)\qquad \frac{f(D)}{(D-\lambda_2)(D-\lambda_1)^{m_1}}\,y = \delta_0 e^{\lambda_2 x} + (\bar{\gamma}_0 x^{m_1-1} + \bar{\gamma}_1 x^{m_1-2} + \ldots + \bar{\gamma}_{m_1-1})\,e^{\lambda_1 x},$$

und unsere zweite Bemerkung läßt uns erkennen, daß zu jedem Koeffizientensystem γ_i ein Koeffizientensystem $\bar{\gamma}_i$ eindeutig bestimmt werden kann, daß also, wenn die γ_i willkürliche Konstanten waren, dasselbe von den $\bar{\gamma}_i$ gesagt werden kann.

So fortfahrend, gelangen wir zu dem Ausdruck

$$(21)\qquad \frac{f(D)}{(D-\lambda_2)^{m_2}(D-\lambda_1)^{m_1}}\,y = (\delta_0 x^{m_2-1} + \ldots + \delta_{m_2-1})\,e^{\lambda_2 x} + (\bar{\gamma}_0 x^{m_1-1} + \ldots + \bar{\gamma}_{m_1-1})e^{\lambda_1 x}$$

und schließlich zu der allgemeinen Lösung unserer homogenen Differentialgleichung:

$$(22)\qquad \frac{f(D)}{(D-\lambda_n)^{m_n}(D-\lambda_{n-1})^{m_{n-1}}\,\ldots\ldots\,(D-\lambda_1)^{m_1}}\,y \equiv y = \sum_{i=1}^{i=n} p_i(x)\,e^{\lambda_i x},$$

worin $p_i(x)$ ein Polynom vom Grade $m_i - 1$ mit willkürlichen Koeffizienten bezeichnet.

Nr. 5. — Lösung der inhomogenen Differentialgleichung, wenn $f(D)$ eine einzige Wurzel vom Grade m_1 besitzt.

Die Wiederholung der durch die rechte Seite von (13) ausgedrückten Operation führt uns zu dem Ergebnis

$$(23)\qquad \frac{f(D)}{(D-\lambda_1)^{m_1}}\,y = e^{\lambda_1 x}\int_{a_{m_1}}^{x} dx_{m_1-1}\int_{a_{m_1-1}}^{x_{m_1-1}} dx_{m_1-2}\ldots\int_{a_2}^{x_2} dx_1\int_{a_1}^{x_1} e^{-\lambda_1 u}\,\psi(u)\,du.$$

Da nun zwei Lösungen der Differentialgleichung (5) sich nur um eine Lösung der homogenen Differentialgleichung

$$(24) \qquad f(D)\,y = 0$$

unterscheiden, deren allgemeinste Gestalt wir bereits kennen (Nr. 4), so genügt es uns, wenn wir irgendeine Lösung der Differentialgleichung (5) anzugeben vermögen. Wir dürfen daher in (23) die unteren Grenzen der m_1 Integrale einander gleich annehmen und setzen

$$(25) \qquad a_1 = a_2 = \ldots = a_{m_1-1} = a_{m_1} = a.$$

Dann aber läßt sich nach einer bekannten Formel das m_1-fach iterierte Integral in (23) durch ein einfaches Integral ersetzen, und wir erhalten die Darstellung

$$(26) \qquad \frac{f(D)}{(D-\lambda_1)^{m_1}}\,y = \int_a^x \frac{(x-u)^{m_1-1}}{(m_1-1)!}\, e^{\lambda_1(x-u)}\,\psi(u)\,du + e^{\lambda_1 x} w_1(x),$$

worin $w_1(x)$ eine willkürliche ganze Funktion vom Grade m_1-1 bezeichnet.

Nr. 6. — Lösung der allgemeinen inhomogenen Differentialgleichung.

Besitzt nun $f(D)$ noch eine andere Wurzel λ_2 von der Vielfachheit m_2, so ergibt sich auf dieselbe Weise:

$$(27) \qquad \frac{f(D)}{(D-\lambda_2)^{m_2}(D-\lambda_1)^{m_1}}\,y = \int_a^x \frac{(x-x_1)^{m_2-1}}{(m_2-1)!}\, e^{\lambda_2(x-x_1)}\,y_1(x_1)\,dx_1 + \\ + e^{\lambda_1 x}\,\overline{w}_1(x) + e^{\lambda_2 x}\,w_2(x),$$

worin $\overline{w}_1(x)$ und $w_2(x)$ willkürliche Polynome von den Graden m_1-1 und m_2-1 sind, während

$$(28) \qquad y_1(x) \equiv \frac{f(D)}{(D-\lambda_1)^{m_1}}\,y(x) - e^{\lambda_1 x}\,w_1(x) \equiv \int_a^x \frac{(x-u)^{m_1-1}}{(m_1-1)!}\, e^{\lambda_1(x-u)}\,\psi(u)\,du$$

eine Abkürzung für das bestimmte Integral auf der rechten Seite von (26) ist.

Das Doppelintegral auf der rechten Seite von (27) bezeichnen wir mit $y_2(x)$. Es gestattet die folgende Umformung:

$$(29) \qquad y_2(x) = \int_a^x \frac{(x-x_1)^{m_2-1}}{(m_2-1)!}\, e^{\lambda_2(x-x_1)}\,dx_1 \int_a^{x_1} \frac{(x_1-u)^{m_1-1}}{(m_1-1)!}\, e^{\lambda_1(x_1-u)}\,\psi(u)\,du \\ = \int_a^x e^{\lambda_2(x-u)}\,\psi(u)\,du \int_u^x \frac{(x-x_1)^{m_2-1}}{(m_2-1)!}\,\frac{(x_1-u)^{m_1-1}}{(m_1-1)!}\, e^{(\lambda_1-\lambda_2)(x_1-u)}\,dx_1.$$

Die Vertauschung der Integrationsfolge, welche hier vorgenommen wurde, läßt sich im Reellen deuten als zweifache Darstellung des Flächenintegrals über das Dreieck mit den Eckpunkten (a, a), (a, x), (x, x) in der (u, x_1)-Ebene, ist aber, unabhängig von dieser Deutung, auch für komplexe Integrale gestattet.

Nun können wir wiederum von (27) aufsteigen zu der Gleichung

$$\begin{aligned}(30)\qquad &\frac{f(D)}{(D-\lambda_3)^{m_3}(D-\lambda_2)^{m_2}(D-\lambda_1)^{m_1}}\,y \\ &= \int_a^x \frac{(x-x_2)^{m_3-1}}{(m_3-1)!}\, e^{\lambda_3(x-x_2)}\, y_2(x_2)\,dx_2 \\ &+ e^{\lambda_1 x}\,\bar{\bar{w}}_1(x) + e^{\lambda_2 x}\,\bar{w}_2(x) + e^{\lambda_3 x}\,w_3(x).\end{aligned}$$

Wird das bestimmte Integral auf der rechten Seite von (30) mit $y_3(x)$ bezeichnet, so ergibt sich, nach Einführung der Funktion $y_2(x)$ aus (29) und nach einer ähnlichen Vertauschung der Integrationsfolgen, wie sie vorgenommen wurde, um die zweite Form des Integrales (29) zu gewinnen, daß

$$(31)\qquad y_3(x) = \int_a^x e^{\lambda_3(x-u)}\,\psi(u)\,I_3(u, x)\,du,$$

worin

$$I_3(u, x) =$$
$$\int_u^x dx_2 \int_u^{x_2} \frac{(x-x_2)^{m_3-1}}{(m_3-1)!}\,\frac{(x_2-x_1)^{m_2-1}}{(m_2-1)!}\,\frac{(x_1-u)^{m_1-1}}{(m_1-1)!}\, e^{(\lambda_2-\lambda_3)(x_2-u)+(\lambda_1-\lambda_2)(x_1-u)}\,dx_1.$$

gesetzt worden ist.

Auf diese Weise lassen sich schließlich sämtliche Wurzeln $\lambda_1, \lambda_2, \ldots, \lambda_n$ der Funktion $f(D)$ ausschöpfen, und man findet die allgemeine Lösung der Differentialgleichung (5) in der Gestalt

$$(32)\qquad y(x) \equiv \frac{f(D)}{\prod_{i=1}^{i=n}(D-\lambda^i)^{m_i}}\,y = y_n(x) + \sum_{i=1}^{i=n} p_i(x)\,e^{\lambda_i x},$$

worin $p_i(x)$, wie schon in (22), ein Polynom vom Grade $m_i - 1$ in x mit willkürlichen Koeffizienten bezeichnet, die Funktion $y_n(x)$ aber folgende Bedeutung hat:

$$(33)\qquad y_n(x) = \int_a^x e^{\lambda_n(x-u)}\,\psi(u)\,I_n(u, x)\,du,$$

$$(34)\qquad I_n(u,x) = \int_u^x dx_{n-1} \int_u^{x_{n-1}} dx_{n-2} \ldots \int_u^{x_3} dx_2 \int_u^{x_2} dx_1\, F_n(u, x_1, x_2, \ldots, x_{n-1}, x),$$

$$(35)\qquad F_n(x_0, x_1, x_2, \ldots, x_{n-1}, x_n) = \prod_{i=1}^{i=n} \frac{(x_i - x_{i-1})^{m_i - 1}}{(m_i - 1)!}\, e^{(\lambda_{i-1} - \lambda_i)(x_{i-1} - x_0)}.$$

Da die Funktion $I_n(u, x)$ mit der rechten Seite der Differentialgleichung (5), d. h. mit der Funktion $\psi(x)$, in keinerlei Zusammenhang steht, so kann sie — für unbestimmte Werte von $\lambda_1, \lambda_2, \ldots, \lambda_n$ — ein- für allemal berechnet werden und liefert dann in (33) eine Lösung der vorgelegten Differentialgleichung, in der Gestalt eines einfachen bestimmten Integrales.

Wir wollen diese Berechnung in den folgenden Nummern für zwei Fälle ausführen, nämlich erstens für $n = 2$ und zweitens für beliebiges n unter der Annahme, daß $m_1 = m_2 = \ldots = m_n = 1$ sei. In jenem Fall hat die charakteristische Funktion $f(D)$ zwei Wurzeln von beliebigem Grade, in diesem hat sie beliebig viele, aber nur einfache Wurzeln.

Nr. 7. — Der Fall $n = 2$.

In dem einfachen Integrale, welches hier zu berechnen ist, machen wir die Substitution

$$(36)\qquad x_1 = u + (x - u)\, t$$

und erhalten

$$(37)\qquad \int_u^x \frac{(x - x_1)^{m_2 - 1}}{(m_2 - 1)!} \frac{(x_1 - u)^{m_1 - 1}}{(m_1 - 1)!}\, e^{(\lambda_1 - \lambda_2)(x_1 - u)}\, du =$$

$$(x - u)^{m_1 + m_2 - 1} \int_0^1 \frac{(1 - t)^{m_2 - 1}}{(m_2 - 1)!} \frac{t^{m_1 - 1}}{(m_1 - 1)!}\, e^{\alpha t}\, dt,$$

wenn zur Abkürzung

$$(38)\qquad (\lambda_1 - \lambda_2)(x - u) = \alpha$$

gesetzt wird.

Zur Auswertung des auf der rechten Seite von (37) auftretenden Integrales empfiehlt es sich nicht so sehr, die Potenz $(1 - t)^{m_2 - 1}$ nach dem binomischen Satze auszuführen (obwohl man auch so zu dem gewünschten Ergebnis gelangen kann), als vielmehr, die Formel zu benutzen

$$\int_0^1 e^{\alpha t} z(t)\, dt = e^{\alpha t} \sum_{i=0}^{i=p} (-1)^i \alpha^{-(i+1)} z^{(i)}(t) \Big|_0^1 \tag{39}$$

$$= e^{\alpha} \sum_{i=0}^{i=p} (-1)^i \alpha^{-(i+1)} z^{(i)}(1) - \sum_{i=0}^{i=p} (-1)^i \alpha^{-(i+1)} z^{(i)}(0),$$

wenn p den Grad der ganzen rationalen Funktion $z(t)$ bezeichnet.

In unserem Falle ist

$$z(t) = \frac{(1-t)^{m_2-1} t^{m_1-1}}{(m_2-1)!\ (m_1-1)!}, \tag{40}$$

also

$$p = m_1 + m_2 - 2, \tag{41}$$

$$z^{(i)}(t) = \sum_{i_1+i_2=i} (-1)^{i_2} \binom{i}{i_2} \frac{(1-t)^{m_2-i_2-1} t^{m_1-i_1-1}}{(m_2-i_2-1)!\ (m_1-i_1-1)!}. \tag{42}$$

Ist nun $i < m_2 - 1$, so enthalten alle Glieder dieser Summe den Faktor $(1-t)$; es ist also stets

$$z^{(i)}(1) = 0 \text{ für } i < m_2 - 1; \tag{43}$$

ist aber $i \geqq m_2 - 1$, so kommt höchstens ein einziger Summand vor, welcher den Faktor $1-t$ nicht enthält; er entspricht den Werten

$$i_2 = m_2 - 1;\ i_1 = i - m_2 + 1$$

und lautet also

$$(-1)^{m_2-1} \binom{i}{m_2-1} \frac{t^{m_1+m_2-i-2}}{(m_1+m_2-i-2)!};$$

demgemäß ist

$$z^{(i)}(1) = (-1)^{m_2-1} \binom{i}{m_2-1} \frac{1}{(m_1+m_2-i-2)!} \tag{44}$$

$$\text{für } i = m_2 - 1,\ m_2, \ldots, m_1 + m_2 - 2.$$

Entsprechende Überlegungen zeigen, daß

$$z^{(i)}(0) = 0 \text{ für } i < m_1 - 1, \tag{45}$$

dagegen

$$z^{(i)}(0) = (-1)^{i-m_1+1} \binom{i}{m_1-1} \frac{1}{(m_1+m_2-i-2!} \tag{46}$$

$$\text{für } i = m_1 - 1,\ m_1, \ldots, m_1 + m_2 - 2.$$

Wir setzen diese Werte in (39) ein und erhalten

$$\int_0^1 \frac{(1-t)^{m_2-1}t^{m_1-1}}{(m_2-1)!\,(m_1-1)!}e^{\alpha t}dt = \tag{47}$$

$$= (-1)^{m_2-1}e^{\alpha}\sum_{i=m_2-1}^{i=m_1+m_2-2}(-1)^i\binom{i}{m_2-1}\frac{\alpha^{-(i+1)}}{(m_1+m_2-i-2)!}$$

$$-(-1)^{m_1-1}\sum_{i=m_1-1}^{i=m_1+m_2-2}\binom{i}{m_1-1}\frac{\alpha^{-(i+1)}}{(m_1+m_2-i-2)!}$$

Wird diese Formel in (37) eingesetzt, so ergibt sich

$$e^{\lambda_2(x-u)}\int_u^x \frac{(x-x_1)^{m_2-1}(x_1-u)^{m_1-1}}{(m_2-1)!\,(m_1-1)!}e^{(\lambda_1-\lambda_2)(x_1-u)}du = \tag{48}$$

$$=(-1)^{m_2-1}e^{\lambda_1(x-u)}\sum_{i=m_2-1}^{i=m_1+m_2-2}(-1)^i\binom{i}{m_2-1}(\lambda_1-\lambda_2)^{-(i+1)}\frac{(x-u)^{m_1+m_2-i-2}}{(m_1+m_2-i-2)!}$$

$$-(-1)^{m_1-1}e^{\lambda_2(x-u)}\sum_{i=m_1-1}^{i=m_1+m_2-2}\binom{i}{m_1-1}(\lambda_1-\lambda_2)^{-(i+1)}\frac{(x-u)^{m_1+m_2-i-2}}{(m_1+m_2-i-2)!}$$

Somit ist

(49)

$$y_2(x) = (-1)^{m_2}\sum_{i=m_2-1}^{i=m_1+m_2-2}\binom{i}{m_2-1}(\lambda_2-\lambda_1)^{-(i+1)}\int_a^x \psi(u)e^{\lambda_1(x-u)}\frac{(x-u)^{m_1+m_2-i-2}}{(m_1+m_2-i-2)!}du$$

$$+(-1)^{m_1}\sum_{i=m_1-1}^{i=m_1+m_2-2}\binom{i}{m_1-1}(\lambda_1-\lambda_2)^{-(i+1)}\int_a^x \psi(u)e^{\lambda_2(x-u)}\frac{(x-u)^{m_1+m_2-i-2}}{(m_1+m_2-i-2)!}du$$

die durch (33) gelieferte Lösung der Differentialgleichung

$$(D-\lambda_2)^{m_2}(D-\lambda_1)^{m_1}y = \psi(x). \tag{50}$$

Nr. 8. — Der Fall $m_1 = m_2 = \ldots = m_n = 1$.

$$I_n(u,x) = \int_u^x dx_{n-1}\int_u^{x_{n-1}} dx_{n-2}\ldots\int_u^{x_3} dx_2\int_u^{x_2} dx_1\, e^{\sum\limits_{i=2}^{i=n}(\lambda_{i-1}-\lambda_i)(x_{i-1}-u)}. \tag{51}$$

(52) $$I_2(u, x) = \int_u^{x_2} dx_1\, e^{(\lambda_1 - \lambda_2)(x_1 - u)} = \frac{e^{(\lambda_1 - \lambda_2)(x_2 - u)} - 1}{\lambda_1 - \lambda_2}$$
$$= e^{-\lambda_2 (x_2 - u)} \left\{ \frac{e^{\lambda_1 (x_2 - u)}}{\lambda_1 - \lambda_2} + \frac{e^{\lambda_2 (x_2 - u)}}{\lambda_2 - \lambda_1} \right\}.$$

Wir beweisen nun durch Induktion die Formel

(53) $$I_k(u, x_k) = e^{-\lambda_k (x_k - u)} \sum_{h=1}^{h=k} \frac{e^{\lambda_h (x_k - u)}}{g_k'(\lambda_h)},$$

worin

(54) $$g_k(\lambda) = (\lambda - \lambda_1)(\lambda - \lambda_2) \ldots (\lambda - \lambda_k).$$

Nach Definition ist

(55) $$I_{k+1}(u, x_{k+1}) = \int_u^{x_{k+1}} dx_k\, e^{(\lambda_k - \lambda_{k+1})(x_k - u)}\, I_k(u, x_k)$$
$$= \int_u^{x_{k+1}} dx_k \sum_{h=1}^{h=k} \frac{e^{(\lambda_h - \lambda_{k+1})(x_k - u)}}{g_k'(\lambda_h)}$$
$$= \sum_{h=1}^{h=k} \frac{e^{(\lambda_h - \lambda_{k+1})(x_{k+1} - u)} - 1}{(\lambda_h - \lambda_{k+1})\, g_k'(\lambda_h)}.$$

Da nun die Partialbruchzerlegung die Formel liefert

(56) $$\frac{1}{g_k(\lambda)} = \sum_{h=1}^{h=k} \frac{1}{g_k'(\lambda_h)} \frac{1}{\lambda - \lambda_h},$$

läßt sich der zuletzt gefundene Ausdruck auch so schreiben:

(57) $$I_{k+1}(u, x_{k+1}) = \sum_{h=1}^{h=k} \frac{e^{(\lambda_h - \lambda_{k+1})(x_{k+1} - u)}}{(\lambda_h - \lambda_{k+1})\, g_k'(\lambda_h)} + \frac{1}{g_k(\lambda_{k+1})}.$$

Andererseits ist

(58) $$g_{k+1}(\lambda) = (\lambda - \lambda_{k+1})\, g_k(\lambda),$$

(59) $$g_{k+1}'(\lambda) = (\lambda - \lambda_{k+1})\, g_k'(\lambda) + g_k(\lambda),$$

also

(60) $$I_{k+1}(u, x_{k+1}) = e^{-\lambda_{k+1}(x_{k+1} - u)} \sum_{h=1}^{h=k+1} \frac{e^{\lambda_h (x_{k+1} - u)}}{g_{k+1}'(\lambda_h)},$$

w. z. b. w.

Wird nun dieser Ausdruck in (33) eingesetzt, so ergibt sich

(61)
$$y_n(x) = \int_a^x \psi(u)\,du \sum_{h=1}^{h=n} \frac{e^{\lambda_h(x-u)}}{g_n'(\lambda_h)}$$
$$= \sum_{h=1}^{h=n} \frac{e^{\lambda_h x}}{g_n'(\lambda_h)} \int_a^x \psi(u)\,e^{-\lambda_h u}\,du$$

als Lösung der Differentialgleichung

(62)
$$(D-\lambda_1)(D-\lambda_2)\ldots(D-\lambda_n)\,y = \psi(x)$$
$$[\lambda_i \neq \lambda_k].$$

10. Roeser, Ernst. Der reelle Übergang zwischen den beiden nichteuklidischen Geometrien und ihrem Parallelenbegriff. Reichsmark 1.20
11. Salomon, Wilhelm. Kugelförmige Absonderung. Reichsmark 0.80
12. Salomon. Felsenmeere und Blockstreuungen. Reichsmark 0.80
13. Salomon. Die Gruppendefinitionen in der Paläontologie. Reichsmark 0.90

Jahrgang 1927. 1. Loewy, Alfred. Neue elementare Begründung und Erweiterung der Galoisschen Theorie. Reichsmark 1.60
2. Liebmann, Heinrich. Rhombische Geradennetze im Raum. Reichsmark 1.—
3. Volk, Otto. Über geodätische Dreiecknetze auf Flächen konstanten Krümmungsmaßes. Reichsmark 1.80
4. Pütter, A. Chemische Reizwirkung und Giftwirkung. Mit einem mathematischen Anhang: Ein Diffusionsproblem von E. Trefftz. Reichsmark 2.40
5. Rembs, Eduard. Die Verbiegung des verlängerten Rotationsellipsoids Rm. 1.60
6. Mayer, Adolf. Naturwissenschaftliche Ästhetik. Reichsmark 0.90
7. Mayer, Adolf. Naturwissenschaftliche Volkswirtschaftslehre. Reichsm. 0.80
8. Baer, R., Kapferer, H., Krull, W., Schmidt, F. K. Beiträge zur Algebra Nr. 5—10. Reichsmark 6.20
9. Müller, Max. Über die Eindeutigkeit der Integrale eines Systems gewöhnlicher Differentialgleichungen und die Konvergenz einer Gattung von Verfahren zur Approximation dieser Integrale. Reichsmark 2.50
10. Freudenberg, Karl. Intramolekulare Umlagerung optisch-aktiver Systeme Reichsmark 1.—
11. Roeser, Ernst. Abbildung der hyperbolischen Ebene auf die Kugel mittels der Beziehung zwischen Lot und Parallelwinkel. Reichsmark 1.—
12. Rüger, L. Die direkte gebirgsgetreue Übertragung der auf dem Universaldrehtisch gewonnenen Messungsergebnisse gebirgsorientierter Schliffe in das Diagramm. Reichsmark 1.20
13. Jost, L. Elektrische Potentialdifferenzen an der Einzelzelle. Reichsmark 1.90

Jahrgang 1928. 1. Rüger, L. Einige Bemerkungen zur Darstellung tektonischer Elemente, insbesondere von Klüften und Harnischen. Reichsm. 1.20
2. Herbst, Curt. Untersuchungen zur Bestimmung des Geschlechts. Ein neuer Weg zur Lösung des Geschlechtsbestimmungsproblems bei Bonellia viridis. Reichsmark 1.50
3. Merton, Hugo. Untersuchungen über die Entstehung amöbenähnlicher Zellen aus absterbenden Infusorien. Reichsmark 2.20
4. Baer, Reinhold. Zur Einordnung der Theorie der Mischgruppen in die Gruppentheorie. Reichsmark 2.20
5. Baer, Reinhold. Über die Zerlegungen einer Mischgruppe nach einer Untermischgruppe. Reichsmark 1.50
6. Roeser, Ernst. Komplementäre Körper der beiden nichteuklidischen Geometrien. Reichsmark 1.—
7. Krull, Wolfgang. Primidealketten in allgemeinen Ringbereichen. Rm. 1.10
8. Salomon, Wilhelm. Geol. Beobachtungen des Leonardo da Vinci. Rm 0.90
9. Liebmann, Heinrich. Die Sätze von Lie und Gambier über Kurven eines Linienkomplexes. Reichsmark 0.90
10. Merz, K. W. Über den Wirkungsantagonismus von Blutkörperchen und Serum bei chemisch faßbaren biologischen Vorgängen. Reichsmark 1.20
11. Mühlbach, R. Über Raumkurven in der Möbiusschen Geometrie Rm. 1.20
12. Ernst, Paul. Wurzeln der Medizin. Reichsmark 1.50
13. Mayer, Adolf. Naturwissenschaftliche Apologetik des Christentums Rm. 1.60
14. Baer, Reinhold. Beiträge zur Galoisschen Theorie. Reichsmark 1.80
15. Salomon, Wilhelm Neue geologische Beobachtungen im Baitonegebiet des Adamello. Reichsmark 0.90
16. Erdmannsdörffer, O. H. Über Disthen-Andalusitparagenesen. Reichsm. 1.20
17. Schneidt, Max. Kurvennetze ohne Umwege. Reichsmark 1.30
18. Bopp, K. J. H. Lamberts und A. G. Kaestners Briefe, aus den Gothaer Manuskripten herausgegeben. Reichsmark 2.20
19. Freudenberg, K. Zur Kenntnis des Fichtenholz-Lignins. Reichsmark 1.10

Jahrgang 1929. 1. Volk, Otto. Über Flächen mit geodätischen Dreiecksnetzen. Reichsmark 2.50.
2. Schmidt, F. K., Krull, W., Breuer, S. Beiträge zur Algebra. Nr. 11—13. Reichsmark 1.80

3. HIEBER, W., Zur Kenntnis der chemischen Reaktionen des Eisencarbonyls Reichsmark 0.90
4. SALOMON, WILHELM. Gletscherbeobachtungen am Vadret Lischanna (Unterengadin). Reichsmark 1.—
5. SALOMON, WILHELM. Arktische Bodenformen in den Alpen. Reichsmark 2.50
6 MÜLLER, MAX. Über die Greensche Funktion des Laplaceschen Differentialausdruckes. Reichsmark 1.50
7 RÜGER, L. Machairodus latidens Owen aus den altdiluvialen Sanden von Mauer a. d. Elsenz. Reichsmark 0.90
8. LENARD, P. Über Energie und Gravitation. Reichsmark 1.90
9. DEECKE, W. Zur Entstehung der Kare. Reichsmark 0.80
10. ROESER, E. Neue Sätze über sphärische und hyperbolische Fünfecke. Reichsmark 1.—
11. BALDUS, R. Über Eulers Dreieckssatz in der absoluten Geometrie. Rm. 1.—
12. TRAUTZ, M. Die Reibung, Wärmeleitung und Diffusion in Gasmischungen. II. Reichsmark 2.80
13. SANDER, B., u. FELKEL, E. Zur tektonischen Analyse von Schmelztektoniten. Reichsmark 2.50
14. SCHOLZ, ARNOLD. Beiträge zur Algebra. Nr. 14. Reichsmark 1.20
15. BAER, REINHOLD. Beziehungen zwischen den Grundbegriffen der Topologie. Reichsmark 1.60
16. HERBST, CURT. Untersuchungen zur Bestimmung des Geschlechts. Weitere Experimente über die Vermännlichung indifferenter Bonellia-Larven durch künstliche Mittel. Reichsmark 3.—
17. ERDMANNSDÖRFFER, O. H. Über Alkalihornblenden aus dem Radautal. Rm. 0.80
18. GRUBER, FRIEDRICH. Neuer Beweis des Transversalensatzes in der absoluten Geometrie. Reichsmark 0.80
19. ROSENTHAL, A. Über die Existenz der Lösungen von Systemen gewöhnlicher Differentialgleichungen. Reichsmark 1.20

Jahrgang 1930. 1. GOTTFRIED, C. Über kontaktmetamorphe Gesteine des Baitonegebietes in der Adamellogruppe (Italien). Reichsmark 1.—
2. RÜGER, L. Über einen Granulit mit „Sekundärschieferung" von Auerswalde i. S. Reichsmark 1.50
3. Beiträge zur Algebra Nr. 15—17: a) KAPFERER HEINR. Über Schnittpunktsysteme mit vorgeschriebenen Multiplizitätszahlen. b) KAPFERER, HEINR. Eine idealtheoretische Lösung des Cramerschen Paradoxons, die jeden singularen Fall umfaßt. c) SCHOLZ, ARNOLD. Über das Verhältnis von Idealklassen und Einheitengruppen in Abelschen Körpern von Primzahlpotenzgrad. Reichsmark 3.20
4 KINZL, HANS. Flußgeschichtliche und geomorphologische Untersuchungen über die Feldaistsenke im oberösterreichischen Mühlviertel und die angrenzenden Teile Südböhmens. Reichsmark 3.20
5. BALDUS, RICHARD. Zur Axiomatik der Geometrie III. Über das Archimedische und das Cantorsche Axiom. Reichsmark 0.80
6. SALOMON-CALVI, WILHELM. Epeirophorese. Teil I. Reichsmark 1.40
7. WELLSTEIN, JULIUS. Zur Klassifikation der regulären Scharen quadratischer Formen. Reichsmark 1.—
8. BETTMANN. Über Modellierungen des Gefäßendabschnittes. Reichsmark 2.—
9. ROESER, ERNST. Sphärische und hyperbolische Vielecke. Reichsmark 1.65
10. KAUFMANN, BORIS. Über die Ränderzuordnung bei topologischen Abbildungen in der Ebene und im Raume. Reichsmark 1.65
11. SCHEFFEN, WALTHER. Pseudopemphix Fritschii Wüst, Lithogaster tiefenbachensis Assm. und Pemphix Sueurii Desm. Reichsmark 3.20
12. VOELCKER, ILSE. Felis issiodorensis Croizet von Mauer a. d. E. Rm. 1.40
13. SALOMON-CALVI, WILHELM. Epeirophorese. Teil II. Geodätische Beweise. Reichsmark 1.—
14. FREUDENBERG, KARL. Kritik an der Berechnung des optischen Drehungsvermögens von Zuckern. Reichsmark 1.—
15. JÄNECKE, ERNST. Über das reguläre vierdimensionale Fünfzell. Rm. 3.—
16. BOEHM, KARL. Über lineare Differentialgleichungen mit konstanten Koeffizienten und einer Störungsfunktion. Reichsmark 1.80

Druck von R. Wagner Sohn in Weimar

FSC
www.fsc.org
MIX
Papier | Fördert gute Waldnutzung
FSC® C083411

Zeitfracht Medien GmbH
Ferdinand-Jühlke-Straße 7
99095 Erfurt, Deutschland
produktsicherheit@kolibri360.de